Etherons as predicted
by
Ioan-Iovitz Popescu
in 1982

edited by

Egbert K. Duursma

May 2015

Adresses:

Acad. Prof. Ioan-Iovitz Popescu
Strada Fizicienilor 6 (new number 14), Bl. M4, Apt. 6
Magurele, Ilfov 077125
Romania
iovitzu@gmail.com

Prof. Egbert K. Duursma
302 av du semaphore
06190 Roquebrune Cap Martin
France
duursma@orange.fr

CONTENT

There are many researchers, who search.
There are few of them who find.
Charles de Gaulle

INTRODUCTION
Egbert K. Duursma

However, scientists who **find** are not always awarded. This counts also for Prof. Ioan-Iovitz Popescu, who predicted in 1982 the smallest particles in our ether, the so-called etherons. They amount in number to about 10^{122} in the Universe and are of a size of 10^{-35} m and a weight of 10^{-69} kg.

This booklet presents the original copy of that historic 1982 document in Romanian language. Naturally this document, written in one of the tightest communistic countries, was not accepted at its desired level by the mainly Anglo-Saxon world of physical sciences.

The first confirmation of the etheron came in the article of N. Ionescu-Pallas[1] at page 15: «*We point out that the term "etheron", and the previous formula of mass were, for the first time, proposed by the Romanian physicist Ioan-Iovitzu Popescu, long time ago, when the compliance between the ether concept and the General Relativity Theory was by no means evident. By this remarkable intuition, Iovitzu Popescu turns out to be a forerunner of the kind of gravitational theory we enter upon in this scientific work.*»

In order to understand the contents of this document, it is preceded by an overview of the career of Prof. Popescu, of an introduction on the basic principles of used physics, and the English abstract of the original Romanian article.

As editor, I will give some remarks, which have a relation with a recent booklet also published by CreateSpace in which possible physical phenomena are related to the existence of etherons.

---

[1] *Reflections Concerning the Genuine Origin of Gravitation*, Romanian Reports in Physics, **55**, 7-42 (2003), see at http://rrp.infim.ro/2003_55_1/d00_pallas.pdf,

Iovitzu's birth place: Iron Gates area upon Danube.

CAREER OF IOAN-IOVITZ POPESCU (NICKNAME IOVITZU)

By courtesy of George Dinesco.

Born 1 October 1932, Burila Mare, the district of Mehedintzi, Romania, physicist. Corresponding Member (1 March 1974) and Full Member (22 January 1990) of the Romanian Academy; President of the Physics Section of the Romanian Academy (1990–1992).

He attended the elementary school between the years 1939 and 1943, after which he graduated from the high school "Traian" in Drobeta – Turnu Severin in the year 1951. Between the years 1951 and 1955, he was a student of the Faculty of Physics of the University of Bucharest. In 1961, he received his Doctoral degree in physics, for the Ph.D. Thesis *On the Mechanism of Cathodic Parts of Glow Discharges*, under the guidance of Academician Eugen Badareu.

Bucharest
University,
the central
building

In the Gas Discharge and Optics Laboratory of the
Physics Faculty of the Bucharest University
(1960), from right to left: assistant Iovitzu,
Professor Badareu and assistant Popovici

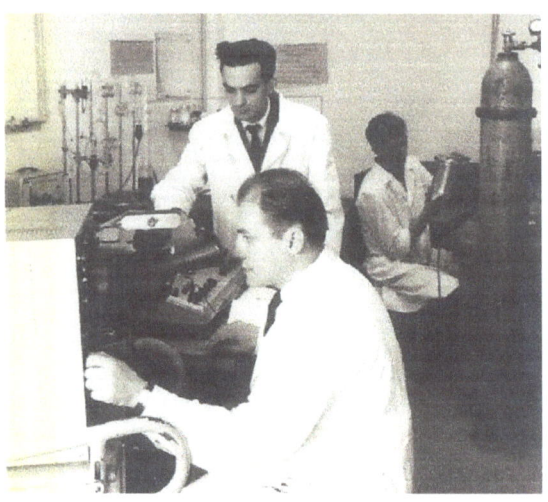

Iovitzu in the Plasma Laboratory, Institute of Physics at Bucharest of the Romanian Academy (1963)

He continued his studies as a Post-Doctoral student, recipient of an Alexander von *Humboldt Dozenten Stipendium* at the *Institut für Experimentalphysik der Universität Kiel*, Germany (1967-1969). He began his scientific and academic career as Assistant for optics and gaseous electronics, Faculty of Physics of the University of Bucharest (1955-1960), later on as scientific researcher (1960-1972) at the Institute of Physics at Bucharest.

Iovitzu and Denisa Popescu fixing a tunable dye laser, 1974, at the Institute of Physics and Radiation Technology at Magurele (near Bucharest)

Beginning with the year 1972, he became Professor of plasma physics, and then of optics, at the Faculty of Physics, the University of Bucharest - position which he kept till 1990. During that interval he was Dean of the Faculty of Physics of the University of Bucharest (1972-1977), the first Director of the Institute of Physics and Radiation Technology with the Institute for Atomic Physics (1977-1981), and Rector of the University of Bucharest (1981-1989). Since the year 1969, he has supervised 47 PhD's in Plasma Physics.

Iovitzu holding a lecture about etherons,
Bucharest University, 1982

1982: Publication of ETHERONICA – O POSIBILA RECONSEDERARE A CONCEPTULUI DE ETHER (This document).

Opening the Annual Conference in Physics,
Craiova, 1983

MAIN ACHIEVEMENTS

Gas discharge and plasma physics (10 books, over 70 papers, 1958-2008),
- Introduction of the optogalvanic effect as a new principle for laser spectroscopy by thermionic and radio frequency detection, (with Eugen Badareu, Denisa Popescu, Johannes Richter, Carl B. Collins, C. Stanciulescu, A. Surmeian, R. Bobulescu);
- First experimental evidence of stable ion clusters with icosahedron and dodecahedron symmetry in ionized dense gases (with Rüdiger von der Heide, 1969).

Laser spectroscopy (18 articles, 1964-1991)
- First experimental evidence of multiphoton spectra of free atoms and molecules with tuneable dye lasers (with Dr. Denisa Popescu and Prof. C.B. Collins (1973-74);
- State-selective laser photolysis of molecules and laser production of highly excited Rydberg states;
- Introduction and Development of Excited-State Spectroscopy, Rydberg Spectroscopy, Multiphoton Ionization Spectroscopy and Photolytic Spectroscopy.

Pioneering work in gamma ray lasers (19 articles, 1979-2009)
    • First experimental evidence of induced gamma emission of a long-lived Hafnium-178 isomer showing a highly efficient X-rays to gamma-rays conversion (in cooperation with Prof. C. B. Colins and an international team).

Quantitative Linguistics (8 books, 50 articles, 2006- to date)
    In cooperation with Prof. Gabriel Altmann and his co-workers:
    • Word frequency studies, Berlin-New York: Mouton de Gruyter (2009);
    • Aspects of word frequencies, Lüdenscheid: RAM–Verlag (2009);
    • Quantitative analysis of Italian texts, Lüdenscheid: RAM–Verlag (2010);
    • Vectors and codes of text, Lüdenscheid: RAM–Verlag (2010);
    • The Lambda-structure of texts, Lüdenscheid: RAM–Verlag (2011);
    • Unified Modeling of Length in Language, Lüdenscheid: RAM–Verlag (2014);
    • Quantitative Analysis of Poetic Texts. Berlin-New York: Mouton de Gruyter (2015).

Ioan-Iovitz
Popescu at 75
(2007)

See more at

- IOVITZU seen by Nicholas Ionescu-Pallas
http://rrp.infim.ro/2008_60_3/01-407-411.pdf
- Silviu Olariu, *Life and Scientific Works of Ioan-Iovitz Popescu at the 75 Year Anniversary*, http://89.37.223.172/2008_60_3/02-413-415.pdf
- Gabriel Altmann, *On the symbiosis of physicists and linguists*,
http://89.37.223.172/2008_60_3/03-417-422.pdf
- http://www.nipne.ro/community/library/popescu.php
- https://www.youtube.com/watch?v=hW1rrx4GHp0
- http://www.iipopescu.com/Iovitzu_at_80_as_seen_by_Dr._George_Dinescu.pdf
- http://www.iipopescu.com/

Physics at Magurele, Celebrating Acad. Ioan-Iovitz Popescu - 80 years (2012)

Iovitzu's Physics Books (1963-1998)
- *Ionised Gases* (2 vol., 1963, 1965, with Eugen Bădărău);
- *Déscharges électriques dans les gaz* (Dunod, Paris, 1968, with Eugen Bădărău);
- *General Physics* (3 vols., 1971, 1973, 1975, with Radu Țițeica);
- *Plasma Physics* (3 vols., 1981, 1983, 1987, with I. Iova, E. Toader, and respectively the last with D. Ciobotaru);
- *The quantum effects of electromagnetic fluxes* (Reviews of Modern Physics USA, 1985, with S. Olariu);
- *Optogalvanic Spectroscopy* (1986);
- *Plasma Spectroscopy* (1987, with I. Iova);

- *Optica Geometrică* (1988);
- *Optica Scalară* (1998, with F. Uliu);

Iovitzu's lectures on OPTICS, holograph, University of Bucharest (1988).

Two major books of quantitative linguistics:
Word Frequency Studies (2009) and
Quantitative Analysis of Poetic Texts (2015)
with Gabriel Altmann et al. at Mouton de Gruyter.

See flyer at
http://www.degruyter.com/view/product/41158

See flyer at
http://www.degruyter.com/view/product/429368

PRINCIPLES OF DISCOVERY OF ETHERONS
I.-I. Popescu

Let's first consider a basic principle of physics, the Uncertainty Principle,

$$\Delta E \cdot \Delta t \geq \tfrac{1}{2}h$$
$$\Delta x \cdot \Delta p_x \geq \tfrac{1}{2}h$$

where ΔE is the uncertainty in the energy measurement and Δt is the uncertainty in the time measurement at the same time as the energy is measured; Δx is the uncertainty of the position measurement and Δp_x is the uncertainty of the momentum measurement in the x direction at the same time as the x measurement.

2. Let's extend the above energy-time uncertainty relationship, $\Delta E \times \Delta t \approx \hbar/2$, to the scale of the Observable Universe. Obviously, once accepted this extension to the Universe Age, that is $\Delta t \rightarrow$ Universe Age = 1/H, where H is Hubble's constant, from the above uncertainty relation we get the most tiny energy quantum $\Delta E = m_E c^2 = \hbar H/2$, respectively the most tiny mass $m_E = \hbar H/2c^2$ that can exist. Its numerical value is thus $m_E = \hbar H/2c^2 \approx 1.3494 \times 10^{-69}$ kg, where Planck's constant $\hbar = h/2\pi = 1.0546 \times 10^{-34}$ m^2 Kg/s, light velocity in vacuum c = 299792458 m/s, and Hubble's constant $H \approx 2,3 \times 10^{-18}$ s^{-1} (that is an Universe Age of 1/H $\approx 4.35 \times 10^{17}$ s $\approx 13,8 \times 10^9$ years).

3. On the other side, from the space-momentum uncertainty relationship, $\Delta x \cdot \Delta p_x \approx \tfrac{1}{2}\hbar$,

extended to the Observable Universe of radius Δx → R = c/H, we get the etheron momentum as Δp_E = (ℏ/2)/R = ℏ/2R = ℏH/2c = (etheron energy)/c. This is, indeed the relationship Energy-Momentum p = E/c for extreme relativistic velocities. From here we conclude that etherons move with extreme relativistic velocities at least in the free cosmic space as considered above.

4. To the above arguments we add that the considered 1982 etheron article (**this document**) is entirely based on six basic cosmological relationships, namely

$m_E c^2/\hbar H = k_1$	$GM/c^2 R = k_2$	$m_E cR/\hbar = k_3$	Eqs. (4-6)
$m_E c^2/(\hbar^2/m_E R^2)=k_4$	$r_E N_E^{1/2}/R = k_5$	$V/2\pi R^3 = k_6$	Eqs. (7-9)

where the first and third equations (with $k_1 = k_3 = 1$) represent the uncertainty principle extended to the whole Observable Universe as discussed above. Generally, k_1, k_2, ..., k_6 are non-dimensional constants of the order of magnitude of unity; (c, ℏ = h/2π) are the speed of light in vacuum and the reduced Planck's constant; (G, H) are Newton's constant, respectively Hubble's constant; (m_E, r_E, N_E) are the mass, dimension, and total number of etherons in the finite Universe; finally, (M, R, V) are the mass, dimension (that is the curvature radius), and the volume of the finite (but unbounded) Universe.

5. As it is known, the theoretical estimation of the Universe mass is M ≈ 10^{53} kg, about two orders of magnitude greater than the

"observational" mass (deduced from the mass and distribution of the galaxies), as if the Universe mass would be stored in space under a form of "hidden mass", which escapes to the conventional observation. We take this opportunity to suggest that the "hidden mass" could be under the form of ether, as the dominant component of matter in the Universe or, in other words, that the entire mass of the Universe is practically constituted of free etherons. This allows to write the total number $N = M/m \approx 10^{53}/1.3494 \times 10^{-69} \approx 7.4 \times 10^{121}$ of free etherons in the Universe. On the other hand, the Observable Universe is a sphere with a radius of about $R = c \times (\text{Universe Age}) = c/H \approx 1.3 \times 10^{26}$ m, respectively with a volume of about $V \approx 9.3 \times 10^{78}$ m^3, hence a cosmic etheron density of $\rho_c = N/V \approx 8 \times 10^{42}$ etherons/m^3. The mean minimum inter-etheronic distance in an etheronic gas is $r_{mean} = \Gamma(4/3)/(4\pi\rho_c/3)^{1/3} = 0.554\rho_c^{-1/3} \approx 2.77 \times 10^{-15}$ m, that is the right order of magnitude of the nucleon radius of 10^{-15} m, and characterizes the "radius" of statistical fluctuations within which the punctual elementary particles set up. As far as the mean distance of about 10^{-15} m between the cosmic etherons is concerned, this doesn't mean that they stay all aligned at this fixed period one from each other. On the contrary, this mean inter-particle distance is a mean of a distribution which has a bell-shaped form, see http://en.wikipedia.org/wiki/Mean_inter-particle_distance

6. A similar ratiocination can be applied in continuation for the determination of etheron density, ρ_n, within nucleons (protons or neutrons).

Thus, dividing the nucleon mass of about 1.67×10^{-27} kg by the etheron mass of about 1.35×10^{-69} 10 kg, we get the total number of etherons per nucleon to be about 1.24×10^{42}. On the other side, the nucleon radius is about 10^{-15} m, hence the nucleon volume is about 4×10^{-45} m^3. Finally, we get the etheron density within nucleons to be about $\rho_n = 3.1 \times 10^{86}$ etherons/m^3. This number is about 44 orders of magnitude higher than the cosmic average of "only" 10^{43} etherons/m^3. Finally, the mean distance between nucleonic etherons is about $0{,}554 \times \rho_n^{1/3} \approx 7.4 \times 10^{-30}$ m. The latter is presumably the quark radius.

In a similar way we get the number of etherons inside an electron to be about 9.1×10^{-31} kg / 1.35×10^{-69} kg $\approx 6.7 \times 10^{38}$. But for electron we learned that it has a vanishing radius, hence a vanishing volume, thus possibly leading to a close-packed etheron structure. Obviously, the number of etherons in any atom is practically equal to their number in the corresponding nucleus (neutrons + protons) because the number of etherons carried out by electrons is about 3 orders of magnitude smaller.

Notice that the radius of the etheron proper, as the smallest possible mass, $m = \hbar H/2c^2 \approx 1.3494 \times 10^{-69}$ kg, should naturally be the gravitational Planck's length, $l_P = \mathrm{sqrt}(\hbar G/c^3) \approx 1.616 \times 10^{-35}$ m. This is "the shortest measurable length – and no improvement in instrumentation could change that", see http://en.wikipedia.org/wiki/Planck_length. One can say about etheron that it is a true structureless point-like particle of a radius of the order $r_E \approx 10^{-35}$ m and a cross section of the order $\sigma \approx 10^{-70}$ m^2.

7. Another relevant property of etherons is their mean free path. For this purpose, we shall use the etheron cross section $\sigma \approx 10^{-70}$ m^2 and the *cosmic etheron* density $\rho_c \approx 10^{43}$ m^{-3}, leading to the cosmic mean free path $\lambda_c = 1/sqrt(2)\rho_c\sigma \approx 10^{26}$ m, a value of the order of the Universe radius. This means that the cosmic etherons do not collide each other while traversing the Universe. Also the corresponding cosmic mean collision frequency is $\nu_c = c/\lambda_c \approx 10^{-18}$ s, a value about the Hubble constant, H. The inverse value is the mean collision time, that is 10^{18} s, about the Universe age ($\approx$ 13,8 $\times10^9$ years). This also means that etherons need a lapse of time of the Universe age to collide each other.

By contrast, let's consider the *nucleonic etherons* (that is etherons inside the nucleon), by inserting in the above computations the nucleonic etheron density $\rho_n = 4.2\times10^{86}$ m^{-3}. Using the same geometric cross section $\sigma \approx 10^{-70}$ m^2 we get the nucleonic etheron mean free path $\lambda_n = 1/sqrt(2)\rho_n\sigma$ $\approx 2\times10^{-17}$ m, a value about 50 times smaller than the nucleon radius of 10^{-15} m. This means that an external etheron penetrating the nucleon sphere will be imprisoned inside the nucleon by multiple scattering amongst the dense nucleonic etherons.

8. Generally, we expect the etherons to have extraordinary, hardly conceivable properties. This is basically caused by the fact that the etherons carry 100 % of the mass of the entire Universe, that is about $10^{122} \times 10^{-69}$ kg = 10^{53} kg, while their proper volume is about 61 orders of magnitude smaller than the total Universe volume. It is left to

the reader the pleasure to compute the last number (that is 61) from the given radius of the etheron of 10^{-35} m and of the Universe radius of 10^{26} m. In simple words, our Universe is void of mass, though, paradoxically, it contains the huge mass of 10^{53} kg, but carried by 10^{122} etherons with negligible volume.

9. A slightly completed version of the first paper of 1982 on the etherons[2] has been published as a contribution to a book in 1983[3]. In continuation below is given the English translation of a fragment of the later (from pp. 22 – 24):

To this aim, for the future it remains to investigate the collective properties of the ether up to getting a set of relativistic hydrodynamic equations able to explain the fundamental phenomena such as the Universe expansion, the propagation of transversal small perturbations with light velocity, and the particle stability.

In the absence of such a theory, we shall tentatively assume the validity of the following simple hydrodynamic equation of the Euler type

$$m_0 n \left(\frac{\partial}{\partial t} - \vec{c} \cdot \nabla \right) \vec{c} = -\nabla p + \vec{f} \qquad \text{Eq. (31)}$$

---

[2] the Romanian Academy journal of physics
Stud. Cercet. Fiz., vol. 34, 451-468 (1982)
[3] the Romanian Academy publishing house,
Philosophical Approach on the Rationality of Science,
Ioan-Iovitz Popescu, *A hypothesis on the quantification of the Universe: the etheron*, pp. 9-32 (1983)

where m_0 is the etheron mass, n the etheron concentration, $p = (1/3)nm_0c^2$ the etheron pressure and $\vec{f}$ the friction force.

It is interesting to consider the hydrodynamic equation (31) of the ether by neglecting the friction force. Thus, denoting by $\rho(\vec{r},t) = n(\vec{r},t)m_0$ the ether density and with $\vec{\Gamma}(\vec{r},t) = \rho(\vec{r},t)\vec{c}$ the mass flux density, the movement equation of the mass of the unit volume can be written as

$$\frac{\partial \vec{\Gamma}}{\partial t} + \left(\vec{c} \cdot \nabla\right)\vec{\Gamma} = -\nabla p$$

or, multiplying by ρ,

$$\rho \frac{\partial \vec{\Gamma}}{\partial t} = \left(\vec{\Gamma} \cdot \nabla\right)\vec{\Gamma} - \rho\nabla p$$

Using further the well known identity

$$\left(\vec{\Gamma} \cdot \nabla\right)\vec{\Gamma} \equiv grad\left(\Gamma^2 / 2\right) - \vec{\Gamma} \times rot\vec{\Gamma}$$

as well as the state equation for the ultra-relativistic fluid

$$p = (1/3)m_0 nc^2 = (1/3)c\Gamma$$

the movement equation finally becomes

$$\rho \frac{\partial \vec{\Gamma}}{\partial t} \equiv -\vec{\Gamma} \times rot\vec{\Gamma} - \frac{2}{3} grad\left(\Gamma^2\right)$$

In this way, the condition for stationary states of movements ($\partial/\partial t = 0$) can be written solely by the field $\vec{\Gamma}$, namely

$$\vec{\Gamma} \times rot\vec{\Gamma} = \frac{2}{3} grad(\Gamma^2)$$

This is also the condition of stationary vortex formation in ether, i.e. of elementary particles. Remarkably, this is the analogous to the basic requirement for the magnetic confinement of hot stationary plasmas, a central problem of current researches in controlled thermonuclear fusion.

In other words, the above stationarity condition tells that, in each point of the space, the flow line $\vec{\Gamma}$ and its vortex line $rot\vec{\Gamma}$ are on an isobaric surface $p = const.$ (that is $\Gamma = const.$) passing through that point. Obviously, for spatially finite stationary movements occurring within particles or particle systems, the isobaric surfaces are closed ones, that is belong to the torus class. Moreover, within particles the etheron density should increase towards the interior of the isobaric surfaces, that is the vector $\vec{\Gamma} \times rot\vec{\Gamma}$ should be oriented towards the interior of these surfaces.

An important class of particles is the one produced by small perturbations of the ether fluid, that is $grad(\Gamma^2) \sim grad(p^2) \approx 0$. This means that the "curvature radius" of these particles is very great so that $\vec{\Gamma} \times rot\vec{\Gamma} \approx 0$. They can be polarized dextrorotatory or levorotatory as $\vec{\Gamma}$ and $rot\vec{\Gamma}$ are nearly parallel or nearly anti-parallel. Photons are of course part of this class of particles with very small rest mass.

ENGLISH ABSTRACT OF THE 1982 PUBLICATION ON ETHERONS

Ether and Etherons - A Possible Reappraisal of the Ether Concept
by Ioan-Iovitz Popescu
iovitzu@gmail.com; *http://www.iipopescu.com/*
Translated from the Roumanian Academy journal of physics Stud. Cercet. Fiz., vol. 34, 451-468 (1982)

Abstract. A new explanation of the Newtonian law of gravitation is given, proceeding from the following statements: a) the Universe is finite and filled with some particles of very small mass, travelling at speed of light; b) all material bodies in the Universe are made up of such particles called "etherons"; c) the matter in the Universe is prevailingly under the form of etherons. The uncertainty principle of quantum mechanics and some dimensionless relations of relativistic cosmology - among which Mach's principle - are adopted in view of establishing the intrinsic characteristics of etherons as well as their number in the Universe. By applying statistical ratiocinations to the etheronic background, expressions of Hubble's and Newton's constants are derived in terms of some kinetic entities pertaining to the ether. The emergence of the inverse square law of force entails at the same time a very strong coupling of the etherons in a nucleon and a saturation character of the binding forces. A wide discussion is undertaken concerning the consistency of the physical world picture suggested by the etheronic conjecture with the already constituted frame of conventional physics, drawing interesting and encouraging conclusions.

Historical considerations and problem setting

The idea of an universal medium filling the whole space is very old. Since Aristotle and Bhagavad-Gita until nowadays, the philosophers and the physicists and, more recently, the cosmologists strived to understand the "most subtle" state of matter, occasionally called "ether". The historical persistence of this concept, which escapes from the usual control by experiment – though intimately bound to the basic phenomena of the physical world, gets its motivation not only in the Latin aphorism "Natura abhorret vacuum", but mainly in the need to explain the phenomena by a causal infrastructure, whose existence is left to be subsequently tested. A study on the internal logic and the historical roots of various evaluations of the ether concept within the framework of the modern physical theories has recently been given by Liviu Sofonea and Nicolae Ionescu-Pallas [1].

From left to right: Iovitzu, Novacu, Sofonea and Ionescu-Pallas, three faculty colleagues with their professor of theoretical physics (Valer Novacu), 1980, at 25 years after graduating.

The history of the luminiferous ether, prevailing in the European physics of the XIX-th century, is well known - see, for instance, Edmund Whittaker [2]. Some new aspects regarding the irrelevant character of the ether, as well as its compatibility with the special relativity theory, have been investigated by Nicolae Ionescu-Pallas [3]. The "irrelevance" of the ether seemed in the past stranger than today, when physicists are already used to "magnetic monopoles", "partons", "quarks" and others.

In the present paper we will consider such an irrelevant entity - the "etheron" - in connection with the cosmological role of the ether, so much discussed in the last decade. Fist of all we will shortly expose the major achievements in cosmology as obtained by adoption or adaptation of the ether concept just to satisfy the modern principles of "covariance", "minimal action", "physical field" and so on.

The first serious attempt to elaborate an etheronic scheme of the matter is due to Georg Szekeres [4]. Extensions of this trial, aiming to obtain separate conditions of conservation for the ether and the substance, have been done by Nicolae Ionescu-Pallas [5] in his recent treatise entitled "General Relativity and Cosmology". Retaining the hypothesis of the existence of two kinds of conservative "matter" – ether and substance – and trying at the same time to lessen the differential order of the field equations, Nicolae Ionescu-Pallas and Liviu Sofonea [6] succeeded to build a cosmological model; here appears a sort of universal ether and Newton's constant G, as well as the cosmological constant Λ, vary just to ensure an adiabatic expansion of the Universe. The latter model, called also "Cosmologia Veradiensis", allows to get an idea of the way to reconcile the ether concept with the present theories of Big Bang and expanding Universe. Another remarkable model - also based on the ether concept and having some common features with Cosmologia Veradiensis, is due to Nathan Rosen [7]. The exceptional value of Rosen's model consists in the fact of representing an oscillating system, thus preventing the collapse at maximum contraction.

The question of what effectively consists the physical structure of the ether remains an extremely controversial subject, in spite of valuable suggestions made by physicists of mark such as E. Sudarshan et al. (the ether as a superfluid state of particles and antiparticles [8]), J. P. Vigier et al. (the ether made up of bosons of minute mass [9]), A. Das and P. Agrawal (the ether of quanta or particles of extremely tiny mass [10]), J. R. Rao et al. (the ether of particles responsible for the "strong" gravity [11]).

Let us remind, finally, two hypotheses based on options favorable to an ether with discrete structure. The first, due to Nicolae Ionescu-Pallas and Ioan Gottlieb [12], accredits the opinion that the Hubble's expansion would be determined by a scalar field with quanta of a tiny rest mass, as given by the expression

$$m_0 = (3/2)(\hbar H/c^2) \approx 10^{-69} \text{ kg} \qquad (1)$$

where H is Hubble's constant, c the light speed in vacuum and $\hbar = h/2\pi$ the Planck's reduced constant "h-bar". The second hypothesis, more recent, argues on the possibility of an universal medium structured of neutrinos [13].

Ioan-Iovitz Popescu, February, 1980, Bucharest, on the eve of etheron discovery

And here follows the pdf of the original article of 1982,

ETHERONICA — O POSIBILA RECONSIDERARE A CONCEPTULUI DE ETER
Stud. Cercet. Fiz., vol. 34, 451-468 (1982)

An English translation is posted at
http://www.iipopescu.com/ether_and_ethe rons.html
Ether and Etherons (word version 210 KB) - iipopescu

ETHERONICA — O POSIBILĂ RECONSIDERARE A CONCEPTULUI DE ETER

I. Ioviţ Popescu

Institutul Central de Fizică, Bucureşti, Măgurele, C.P. MG-6, ROMÂNIA

ETHERONICS — A POSSIBLE REAPPRAISAL OF THE ETHER CONCEPT.
A new explanation of the Newtonian law of gravitation is given, proceeding from the following statements : a) the Univers is finite and filled with some particles of very small mass, traveling at the speed of light ; b) all the material bodies in the Universe are made up of such particles called ,,etherons'' ; c) the matter in the Universe is prevailingly under the form of etherons ; d) the Lesage hydrodynamic mechanism for gravitational interaction is valid, provided that the cosmical background is the ether made up of etherons. The uncertainty principle of quantum mechanics and some dimensionless relations of relativistic cosmology — among which Mach's principle — are adopted in view of establishing the intrinsic characteristics of etherons as well as their number in the Universe. By applying the statistical ratiocinations to the etheronic background, expressions of Hubble's and Newton's constants are derived in terms of some kinetic entities pertaining to the ether. The emergence of the inverse square law of force entails at the same time a very strong coupling of the etherons in a nucleon and a saturation character for the binding forces. A wide discussion is undertaken concerning the consistency of the physical world picture suggested by the etheronic conjecture with the already constituted frame of conventional physics, drawing interesting and encour aging conclusions.

1. CONSIDERAŢII ISTORICE ŞI PUNEREA PROBLEMEI

Ideea de mediu universal care umple tot spaţiul este foarte veche. De la Aristotel şi Bhagavād Gita şi pînă în timpurile noastre, filozofii, fizicienii şi, mai recent, cosmologii, s-au strădui să înţeleagă starea ,,cea mai subtilă'' a materiei, denumită uneori ,,eter''. Persistenţa istorică a acestui concept, care scapă controlului obişnuit prin experienţă — deşi este intim legat de fenomenele fundamentale ale lumii fizice, îşi găseşte motivarea nu numai în aforismul latin ,,Natura abhorret vacuum'' ci şi, mai ales, în nevoia de explicare a fenomenelor pornind de la o infrastructură cauzală a cărei existenţă rămîne să fie testată într-un stadiu ulterior al cunoaşterii umane. Un studiu privind logica internă şi rădăcinile istorice ale diferitelor evaluări ale conceptului de eter, în cadrul teoriilor fizice moderne, a fost făcut recent de Liviu Sofonea şi Nicolae Ionescu-Pallas [1].

Istoria eterului luminifer, dominant în fizica europeană a secolului al XIX-lea, este binecunoscută — vezi, de exemplu, Edmund Whittaker [2]. Unele aspecte noi privind caracterul irelevant al eterului, ca şi compatibilitatea sa cu teoria relativităţii restrînse, au fost investigate de Nicolae Ionescu-Pallas [3]. ,,Irelevanţa'' eterului a părut în trecut mai stranie decît apare astăzi, cînd fizicienii s-au „obișnuit" deja cu „monopolul magnetic", „partonii" „„cuarcii" ș.a.

În lucrarea de față vom considera o astfel de entitate irelevantă — „etheronul" — în legătură cu rolul cosmologic al eterului, atît de mult discutat în ultima decadă. Mai întîi vom expune, pe scurt, realizările majore în domeniul cosmologiei, obținute prin adoptarea și adaptarea conceptului de eter astfel ca să satisfacă principiile contemporane de „covarianță", „acțiune minimă", „cîmp fizic" ș.a.m.d.

Prima încercare serioasă de a elabora o schemă etheronică a materiei o datorăm lui Georg Szekeres [4]. Extensii ale acesteia, cu scopul de a obține în mod separat condiții de conservare pentru eter și substanță, au fost efectuate de Nicolae Ionescu-Pallas [5] în recentul său tratat „Relativitate Generală și cosmologie". Păstrînd ipoteza existenței a două tipuri de „materie" conservativă — eterul și substanța — și încercînd totodată să reducă ordinul diferențial al ecuațiilor de cîmp, Nicolae Ionescu-Pallas și Liviu Sofonea [6] au reușit să construiască un model cosmologic; aici apare un fel de eter universal iar constanta G a lui Newton și constanta cosmologică Λ variază astfel ca să asigure o expansiune adiabatică a Universului. Acest ultim model, care a căpătat numele de „Cosmologia Veradiensis", permite să ne facem o idee de modul în care conceptul de eter poate fi conciliat cu reprezentările actuale ale teoriilor de Big Bang și de Univers în expansiune. Un alt model remarcabil — și el bazat pe conceptul de eter și avînd unele trăsături comune cu Cosmologia Veradiensis — îl datorăm lui Nathan Rosen [7]. Valoarea excepțională a modelului lui Rosen constă în faptul că el reprezintă un sistem oscilant, care previne colapsul la contracția maximă.

În ce constă de fapt structura fizică a eterului rămîne un subiect deosebit de controversat, în ciuda sugestiilor valoroase făcute de fizicieni de marcă: E. Sudarshan ș.a. (eterul ca o stare superfluidă de particule și antiparticule [8]); J.P. Vigier ș.a. (eterul alcătuit din bosoni de masă infimă [9]); A. Das și P. Agrawal (eterul format din cuante sau particule de masă extrem de mică [10]); J.R. Rao ș.a. (eter din particule responsabile pentru gravitatea „tare" [11]).

Vom mai aminti, în fine, două ipoteze bazate pe opțiuni favorabile unui eter cu structură discretă. Prima, datorată lui Nicolae Ionescu-Pallas și lui Ioan Gottlieb [12], acreditează opinia că expansiunea Hubble ar fi determinată de un cîmp scalar ale cărui cuante au o masă de repaus infimă, dată de expresia

$$m_0 = \frac{3}{2} \frac{\hbar H}{c^2} \simeq 10^{-69} \text{ kg,} \tag{1}$$

unde H este constanta lui Hubble, c — viteza luminii în vid iar $\hbar$ — constanta raționalizată a lui Planck. A doua ipoteză, mai recentă, argumentează posibilitatea unui mediu universal cu structură neutrinică [13].

În continuare vom face unele considerații cu privire la relația (1), care constituie, de fapt, și punctul de pornire al abordării noastre. Observăm mai întîi că această relație, fundamentală pentru cele ce urmează, rezultă imediat dacă interpretăm constanta lui Hubble, H, ca frecvența unghiulară, ω_0, a unui proces oscilatoriu care are loc la scară cosmică. Astfel, făcînd identificarea temerară a Universului fizic cu un oscilator armonic izotrop tridimensional, cu frecvența proprie $\omega_0 = H$, se vede că relația (1) este o consecință a expresiei energiei stării fundamentale $(3/2)\,\hbar\omega_0 = (3/2)\,\hbar H = m_0 c^2 \simeq 10^{-33}$ eV. În sprijinul acestei ipoteze poate fi invocat modelul de Univers oscilant al lui Richard Tolman [14], conform căruia frecvența unghiulară a pulsației cosmice $\omega_0 \simeq H$. Vom fi conduși, de asemenea, să acceptăm că stările vecine ,,excitate'' ale Universului sînt energetic egal distanțate cu $\hbar\omega_0 = \hbar H$ și că energia minimă care poate fi schimbată între sistemele materiale care interacționează este dată de cuanta $\hbar\omega_0 = \hbar H$.

În cele ce urmează vom denumi ,,etheron'' cuanta de energie $\hbar\omega_0 = \hbar H \simeq m_E c^2$. Cum energia acestei cuante este extrem de mică ($\simeq 10^{-33}$ eV) iar, pe de altă parte, gravitația este cea mai slabă interacție cunoscută, apare plauzibilă presupunerea că etheronii reprezintă particulele de schimb asociate interacției gravitaționale. Mai mult, cum vom argumenta mai departe, sîntem conduși la a postula existența unei interacții asociate oricărei forme de energie, de tipul ,,Energie = Energie + Etheroni'', unde prin Energie putem înțelege orice substructură a Universului, inclusiv particulele elementare. În general, existența unei interacții de acest tip conduce la un potențial staționar de tip Yukawa, $\Phi \sim (1/r)\exp(-r/\lambda)$, unde λ este lungimea Compton asociată particulei care mediază interacția. Pentru interacțiile gravitaționale, mediate presumabil de un etheron, $\lambda_E = \hbar/m_E c \simeq c/H \simeq R \simeq 10^{26}$ m, adică de ordinul de mărime al razei Universului. Pentru interacțiile tari, mediate de un pion (proces presumabil ,,multi-etheronic'': $m_\pi \simeq n m_E$), $\lambda_\pi = \hbar/m_\pi c \;(\simeq \lambda_E/n) \simeq r_n \simeq 10^{-15}$ m, adică de ordinul de mărime al razei nucleonului. Cuantificarea masei introduce, astfel, o rază de acțiune finită pentru toate interacțiile, care nu poate depăși dimensiunea Universului. Numind ,,etheron'' această cuantă de masă, nu avem în vedere proprietățile de reper absolut ale eterului. Conceptul de etheron ar reflecta numai existența unor entități cu proprietăți de particulă, prin ,,condensarea'' cărora (sub formă de masă inerțială și de masă ,,de interacție'' a etheronilor aflați ,,în tranzit'') ar urma să putem explica structura extrem de complexă a microobiectelor cu care sîntem confruntați în prezent.

O altă reflecție, inspirată de relația (1), este legată de observabilitatea procesului de emisie, respectiv de absorbție, a cuantei de energie $\hbar\omega_0 = \hbar H$. Astfel, conform principiului de incertitudine al lui Werner Heisenberg, timpul în care un astfel de proces are loc cu siguranța este $\tau \simeq (1/2)\,\hbar/\hbar\omega_0 = 1/2\omega_0 = 1/2H$, adică de ordinul de mărime al epocii cosmice (,,vîrstei'' Universului). Datorită masei lor infime și a rarității extreme a evenimentelor (ciocnirilor, proceselor) în care sînt implicați, etheronii se deplasează (aproape) cu viteza luminii și au, mai degrabă, proprietăți de cuante decît de particule. Argumente în favoarea acestei situații aparent stranii (dar esențială pentru cele ce urmează) sînt aduse în cadrul teoriei lui Louis de Broglie privind fotonii cu masă de repaus nenulă și cu viteză apropiată de viteza luminii în vid [15]. În acest context, masa de ordinul de mărime dat de expresia (1), $m \simeq \hbar H/c^2 \simeq 10^{-69}$ kg, este menționată și în prezent drept ,,masa de repaus a fotonului'' sau a ,,bosonului masiv'' [16].

Un alt argument interesant în favoarea existenței cuantelor de energie $\hbar\omega_0 = \hbar H$ este următorul. Astfel, datorită faptului că într-un „gedanken experiment", timpul de detecție pentru un etheron este de ordinul $1/H$, nu putem evita o imprecizie de ordinul $\hbar\omega_0 = \hbar H$ în măsurarea energiei, respectiv o imprecizie în masă de ordinul $\hbar\omega_0/c^2 = \hbar H/c^2$. Adoptînd modelul static al lui Einstein cu constantă cosmologică, orice fluctuație a masei Universului, M, induce, via relația $GM/c^2R = \pi/2$, o fluctuație a razei de curbură R a Universului (G este constanta lui Newton). Din $\delta M = \hbar H/c^2$ și din ultima relație rezultă $\delta R = (2/\pi)\,(\hbar G/c^3)\,(H/c)$ sau $\delta R^2 = (4/\pi)\,(\hbar G/c^5)\,(HR/c)$. Cum $HR/c \simeq 1$ și $L_p = (\hbar G/c^3)^{1/2}$ este lungimea gravitațională Planck, rezultă că fluctuația pătratică a razei de curbură a Universului,

$$\sqrt{\overline{\delta R^2}} = \frac{2}{\sqrt{\pi}}\left(\frac{HR}{c}\right)^{1/2}\left(\frac{\hbar G}{c^3}\right)^{1/2} \simeq L_P \simeq 10^{-35}\,\mathrm{m}, \qquad (2)$$

este de ordinul de mărime al razei gravitaționale Planck, L_p. Această concluzie concordă cu opinia lui Arthur Eddington privind fluctuațiile razei de curbură a Universului [17].

Cuanta de energie $\hbar\omega_0 = \hbar H$, pe care am denumit-o „etheron", este, prin definiție, particula constitutivă a eterului cosmic. Întrucît etheronul are cea mai mică masă compatibilă cu principiul de incertitudine din mecanica cuantică, rezultă că eterul reprezintă cel mai „fin" fluid care încă mai are o structură discretă (corpusculară)[1]. Desigur, eterul este o formă de existență a materiei, dar calitativ diferită de substanța obișnuită (atomică și moleculară) sau de radiație (fotoni). Mai mult, vom presupune că eterul se supune principiului inerției și că produce, prin prezența sa, o modificare a geometriei spațio-temporale. Conform modelului static al lui Einstein, masa Universului (conceput ca finit dar nelimitat) este dată de expresia $M = (\pi/2)\,c^2R/G$; mărimea razei de curbură R este de ordinul c/H. În acest fel, masa întregului Univers, prezisă teoretic, este exprimată exclusiv prin constante universale : $M \simeq c^3/GH \simeq 10^{53}$ kg. O a doua cale de estimare a acestei mase se bazează pe formula $M = 2\pi^2R^3\rho$ unde $R \simeq c/H$ iar ρ este densitatea masei în Univers, mărime observațională, dedusă din masa și distribuția galaxiilor. Cum se știe, estimarea teoretică $M \simeq 10^{53}$ kg este cu circa două ordine de mărime mai mare decît masa „observațională", ca și cum masa Universului ar fi înmagazinată în spațiu într-o formă care scapă observației convenționale (problema așa-numitei „mase ascunse"). Folosim această ocazie pentru a sugera că „masa ascunsă" ar putea fi sub formă de eter.

Pentru a explica legea universală a gravitației cu ajutorul conceptului de eter, argumentat mai sus, avem nevoie de încă două ipoteze esențiale, și anume : a) toate corpurile materiale sînt formate din etheroni; b) atracția gravitațională este, de fapt, rezultatul decompensării presiunii hidrodinamice exercitată asupra corpurilor de către eterul universal, ca

---

[1] Amintim aici concepția despre eter a filozofului materialist român, prințul Grigorie Sturdza, la sfîrșitul secolului al XIX-lea ; el a avut atunci o intuiție corectă a ordinului de mărime al cantităților implicate, în ciuda stadiului incipient al cosmologiei în acea epocă.

rezultat al ecranării lor reciproce. Modul în care lucrează aceste ipoteze și cum se obține consistența globală a acestui model, atît în el însuși, cît și față de cadrul deja constituit al relativității generale și cosmologiei moderne, formează obiectul lucrării de față. Menționăm că explicarea gravitației, în felul în care o vom face, are unele trăsături comune cu teoria lui Iosif Adămuț, teorie bazată pe ipoteza lui Lesage și a unui mediu format din cuante [18].

Înainte însă de a trece la demonstrarea legii gravitației, vom prezenta un argument adițional cu privire la viteza etheronilor precum și consecințele care decurg din caracterul lor ultrarelativist. Pentru aceasta vom face apel din nou la principiul de incertitudine — referindu-ne de această dată la relația impuls-coordonată. Astfel, cea mai mică eroare posibilă în determinarea impulsului unui sistem fizic este dată de impulsul unui etheron (care este, în mod aleatoriu, emis sau absorbit), adică $\delta p = p_E = = m_E v_E = (\hbar H/c^2) \, v_E$. Această cantitate trebuie coroborată cu eroarea cea mai mare posibilă în determinarea coordonatei de poziție δx, conform relației lui Heisenberg $\delta p \, \delta x \simeq \hbar/2$. Cum ,,dimensiunea caracteristică'' a Universului este c/H, rezultă că $\delta x \simeq (1/2) \, (c/H)$ și, în consecință, $v_E \simeq c$. În dezvoltarea acestui argument am considerat cantitatea $\hbar H/c^2$ mai degrabă ca masa dinamică decît masa de repaus a etheronului. De fapt, putem presupune că viteza etheronului nu este chiar c ci puțin mai mică — astfel ca masa de repaus să fie de același ordin cu masa dinamică (de exemplu, dacă $v_E/c = \sqrt{3}/2 \simeq 0,866$, atunci $m_{0E} = (1/2 m_E) = (1/2) \, \hbar H/c^2)$. Pe de altă parte, pentru conformitate cu reprezentările mecanicii statistice, se poate presupune că vitezele etheronilor sînt distribuite în jurul unei valori medii, $\overline{v}_E$, cu puțin mai mică decît c, într-o bandă îngustă care, practic, poate fi neglijată. O situație similară, în care ,,particule cu proprietăți de cuantă'', de energie dată, se deplasează cu viteza c, întîlnim în teoria gravitației a lui J.L. Synge [19].

Una din cele mai importante consecințe care rezultă din caracterul ultrarelativist al etheronilor constă în faptul că ,,agregatele primare'', formate din etheroni, trebuie să fie excepțional de stabile, datorită contribuției mari a părții dependente de viteză din energia de legătură. Deși această presupunere nu poate fi dovedită în mod direct, o putem totuși ilustra în singurul caz riguros al problemei celor două corpuri, în cadrul relativității restrînse. Ne referim la un potențial invers proporțional cu distanța dintre particule, caz elaborat în mod independent de Alfred Schild [20] (pornind de la electrodinamica simetrică) și de Nicolae Ionescu-Pallas și Liviu Sofonea [21] (pornind de la ,,Mecanica invariantivă'' a lui Octav Onicescu). Formula lui Schild este

$$E = m_{01} c^2 \, \sqrt{1 - v_1^2/c^2} + m_{02} c^2 \, \sqrt{1 - v_2^2/c^2}, \qquad (3)$$

energia sistemului tinzînd spre zero pentru $(v_1, v_2) \to c$. Cum vom arăta în continuare, ,,modelul etheronic'' este deosebit de încurajator, el permițînd deducerea atît a legii lui Newton pentru gravitație, cît și a faptului că agregatele primare, formate direct din etheroni, au un defect de masă comparabil cu suma constituenților etheronici. De fapt, cum se știe, un raport aproape de unitate dintre energia de legătură și energia de repaus este caracteristic pentru nucleoni [22]. Să fie aceasta o indicație că ,,partonii'' sau ,,cuarcii'' ar putea fi moduri de mișcare colectivă etheronică?

2. RELAȚII COSMOLOGICE FUNDAMENTALE

Pînă aici am pregătit următoarea ipoteză remarcabilă : «Universul este umplut aproape exclusiv cu particule de masă infimă, m_E, care se mișcă haotic cu viteza luminii, c. Masa în stare agregată, înmagazinată în stele și galaxii, poate fi formal considerată ca fiind construită din astfel de particule de masă m_E — denumite de noi etheroni — al căror număr este proporțional cu raportul dintre masa inerțială a corpului și masa etheronului». Pentru a exploata această presupunere în lămurirea „mecanismului" gravitației, avem nevoie de un corp de relații cantitative deja stabilit, care să ne permită o conciliere a demersului teoretic etheronic cu cosmologia relativistă. Vom face aceasta prin adoptarea următorului set de șase relații simple

$$\frac{m_E c^2}{\hbar H} = k_1 \; , \; \frac{GM}{c^2 R} = k_2 \; , \; \frac{m_E c R}{\hbar} = k_3, \qquad (4-6)$$

$$\frac{m_E c^2}{\dfrac{\hbar^2}{m_E R^2}} = k_4 \; , \; \frac{r_E \sqrt{N_E}}{R} = k_5 \; , \; \frac{V}{2\pi R^3} = k_6, \qquad (7-9)$$

unde $k_1, k_2, \ldots, k_6$ sînt constante adimensionale de ordinul de mărime al unității; $(c, \hbar)$ sînt viteza luminii în vid și constanta raționalizată a lui Planck ; (G, H) sînt constanta lui Newton, respectiv constanta lui Hubble ; (m_E, r_E, N_E) sînt masa, dimensiunea și numărul total al etheronilor din Universul finit ; în fine, (M, R, V) sînt masa, dimensiunea (adică raza de curbură) și volumul Universului finit (dar nelimitat). Faptul că adoptăm simultan modelul static al lui Einstein și constanta lui Hubble nu constituie în mod necesar o contradicție din două motive : 1) expansiunea nu este singura explicație pentru constanta H ; 2) chiar și modelul static dă corect ordinul de mărime al caracteristicilor Universului.

Să facem cîteva comentarii asupra originii și oportunității relațiilor $(4-9)$.

Relația (4) pur și simplu afirmă că etheronii există ; este punctul nostru axiomatic, pe care îl acceptăm împreună cu argumentele care îl susțin.

Relația (5) este o expresie a principiului lui Mach, independentă de modelul cosmologic adoptat. Pentru modelul static al lui Einstein cu curbură pozitivă $k_2 = \pi/2$; pentru Universul în expansiune $k_2 = \pi$ [6].

Relația (6) reprezintă o adaptare pentru etheron a relației lui Feza Gürsey [23] și Fred Hoyle [24], care presupune o particulă scalară de masă extrem de mică. Aceasta este compatibilă cu relația (4), arătînd că raza de curbură, R, și raportul c/H au același ordin de mărime [5].

Relația (7) este, formal, o consecință a relației (6) și introduce o restricție pentru constantele necunoscute (k_3, k_4), anume $k_4 = k_3^2$. Totuși, din această relație rezultă un sens fizic relevant, ceea ce ne permite să o considerăm ca pe o formulă independentă. Astfel, ea afirmă că cuanta de rotație $\hbar^2/m_E R^2$ are același ordin de mărime cu cuanta de oscilație

$\hbar\omega_0 = \hbar H \simeq m_E c^2$. Cu alte cuvinte, relațiile de incertitudine, discutate mai înainte, pot fi din nou scrise într-o formă în care cuanta de oscilație este înlocuită de cuanta de rotație. Acest fapt poate fi interpretat ca o dovadă a stabilității Universului nu numai față de oscilații (cind o energie de ordinul $m_E c^2$ este întîmplător emisă sau absorbită), ci, la fel de bine și față de rotații (cind o energie de ordinul $\hbar^2/m_E R^2$ este implicată în mod similar).

Relația (8) reprezintă o transpunere ad litteram pentru etheroni a faimoasei relații stabilite de Arthur Eddington pentru protoni [17]. O versiune simplificată a raționamentului lui Eddington, dată de Nicolae Ionescu-Pallas [5], este : ,,Dacă în Universul finit și nelimitat al lui Einstein ar exista o singură particulă (proton), ea ar fi descrisă de o undă care, datorită curburii spațiului, ar prescrie o incertitudine a poziției centrului de inerție, egală cu R. Admițind că în Univers există un număr finit de N_p particule (protoni), incertitudinea se reduce, potrivit legilor statisticii matematice, la $R/\sqrt{N_p}$. Această mărime este identificată de Eddington cu extensiunea spațială a particulei (care devine astfel nepunctiformă)". Evident, dacă particulele libere, care umplu în mod predominant Universul, nu sînt protonii, ci etheronii, raționamentul de mai sus este la fel de valabil și pentru modelul nostru de Univers etheronic, de unde rezultă relația (8).

Relația (9) are un conținut pur geometric și afirmă că volumul Universului și puterea a treia a dimensiunii sale caracteristice (a razei de curbură) se află într-un raport constant. Astfel, constanta k_6 are valoarea $2/3$ într-o geometrie euclidiană și valoarea π într-o geometrie riemanniană (închidere topologică).

Cele mai plauzibile valori pe care le vom adopta pentru setul de constante $(k_1, \ldots, k_6)$ sînt următoarele :

$$k_1 = 1, \quad k_2 = \frac{\pi}{2}, \quad k_3 = 1, \quad k_4 = 1, \quad k_5 = \frac{1}{2}, \quad k_6 = \pi. \qquad (10)$$

Valoarea $k_1 = 1$ rezultă din modul în care am concretizat conceptul de etheron. Valorile $k_2 = \pi/2$ și $k_6 = \pi$ provin din modelul cosmologic static al lui Einstein. Valoarea specială $k_5 = 1/2$ a fost aleasă astfel ca să dea corect dimensiunea protonului ($r_p \simeq 1,4 \cdot 10^{-15}$ m) cind formula (8) este folosită în interpretarea inițială a lui Eddington. Valoarea $k_3 = 1$ rezultă ca o consecință a relației $R = (k_3/k_1) c/H$, a alegerii deja făcute pentru $k_1 = 1$ și a faptului acceptat în cosmologia contemporană că, la epoca actuală, $R \simeq c/H$ [5, 6, 25]. Odată valoarea lui $k_1 = 1$ admisă, rezultă și $k_1 = k_3^2 = 1$.

Mai departe vom vedea că setul de constante (10) conduce la un cuplaj foarte tare pentru etheroni, presupuși constituenți ai nucleonului. Este interesant de observat cum o condiție macroscopică la scară cosmică, cum este, de exemplu, închiderea topologică a Universului, conduce la o consecință energetică la nivel infranucleonic.

3. ETERUL CA GAZ ULTRARELATIVIST

Multe proprietăți fizice ale eterului pot fi acum deduse din afirmațiile de mai sus, exprimate prin relațiile cosmologice fundamntale (4—9), din proprietățile cuantice (presupuse) ale etheronului și din procedeele convenționale ale mecanicii statistice.

Vom începe cu caracteristicile intrinseci ale etheronului, a căror asemănare cu caracteristicile fotonului este transparentă. Astfel, energia E_E, masa m_E, impulsul p_E și lungimea de Broglie asociată $\lambda_E = \hbar/p_E$ sînt date de relațiile

$$E_E = m_E c^2 = k_1 \hbar H \simeq 10^{-33} \, \text{eV},$$

$$m_E = \frac{E_E}{c^2} = k_1 \frac{\hbar H}{c^2} \simeq 10^{-69} \, \text{kg}, \qquad (11)$$

$$p_E = m_E c = k_1 \frac{\hbar H}{c},$$

respectiv

$$\lambda_E = \frac{\hbar}{p_E} = \frac{1}{k_1} \frac{c}{H} = \frac{1}{k_3} \cdot R \simeq 10^{26} \, \text{m}. \qquad (12)$$

Ultima relație reprezintă egalitatea matematică a două entități foarte diferite, legând proprietățile cuantice ale etheronului de proprietățile geometrice ale Universului.

Mai departe, din ecuația (5) și din egalitatea $R = (k_3/k_1) \, c/H$, putem exprima masa Universului în forma

$$M = \frac{k_2 k_3}{k_1} \cdot \frac{c^3}{GH} \simeq 10^{53} \, \text{kg}. \qquad (13)$$

Cum eterul reprezintă componenta dominantă a materiei din Univers, putem presupune că întreaga masă a Universului este constituită practic din etheroni liberi. Aceasta permite să scriem $M = N_E m_E$, unde N_E este numărul total de etheroni liberi din Universul lui Einstein,

$$N_E = \frac{M}{m_E} = \frac{k_2 k_3}{k_1^2} \frac{c^5}{\hbar G H^2} \simeq 10^{122}. \qquad (14)$$

Dimensiunea etheronului poate fi dedusă din ecuațiile (8), (14) și $R = (k_3/k_1) \, c/H$, astfel că

$$r_E = k_5 \left(\frac{k_3}{k_2} \right)^{1/2} \left(\frac{\hbar G}{c^3} \right)^{1/2} \equiv k_5 \left(\frac{k_3}{k_2} \right)^{1/2} L_P \simeq 10^{-35} \, \text{m} ; \qquad (15)$$

cum era de așteptat, dimensiunea etheronului este de ordinul de mărime al lungimii Planck, adică al fluctuațiilor cuantice ale spațiului [conform formulei (2)].

Vom trece acum la proprietățile statistice ale eterului, definind mai întîi o secțiune eficace etheron — etheron ,,clasică'' prin formula $\sigma_E = \pi(2r_E)^2$, adică

$$\sigma_E = 4\pi\, k_5^2\, \frac{k_3}{k_2}\, \frac{\hbar G}{c^5} \equiv 4\pi\, k_5^2\, \frac{k_3}{k_2}\, L_P^2 \simeq 10^{-70}\, \mathrm{m}^2. \qquad (16)$$

O semnificație particulară a ultimei formule constă în aceea că ea permite să exprimăm constanta lui Newton a atracției universale prin secțiunea eficace σ_E, mărime de natură statistică,

$$G = \frac{k_2}{4\pi\, k_3 k_5^2}\, \frac{c^3 \sigma_E}{\hbar}\, ; \qquad (17)$$

acest rezultat neașteptat poate fi o dovadă că gravitația însăși ar fi de origine statistică (în termenii modelului hidrodinamic al lui Lesage). Menționăm, în acest context, că Edward Milne in ,,Relativitatea cinematică'' [26], a dedus pentru prima dată legea newtoniană a forței de atracție în cadrul unei teorii compatibile cu principiul lui Mach [formula (5)].

O altă relație interesantă, care leagă entități inframicroscopice și ultramacroscopice, este $L_P^2 = k_2 k_3 \lambda_E \lambda_U$, unde $\lambda_U = \hbar/Mc = (k_1/k_2 k_3)\,\hbar G H/c^4$ este lungimea Compton asociată Universului[2].

---

[2] Este interesant de făcut, în acest context, o comparație între interacțiile gravitaționale și interacțiile tari. Cum am argumentat mai sus, este plauzibil ca potențialul static gravitațional să fie de tip Yukawa :

$$\Phi(r) = -Gm\, \frac{\exp(-r/\lambda_E)}{r} = -\frac{mc^2}{M}\, \frac{\exp(-r/R)}{r/R},$$

unde m este masa corpului iar ,,constanta de cuplaj'', G, este constanta lui Newton. O expresie asemănătoare rezultă pentru interacțiile tari dacă introducem masa pionului, m_π, masa nucleonului m_n, raza nucleonului, r_n, lungimea Compton a pionului,

$$\lambda_\pi = \frac{\hbar}{m_\pi c} \simeq r_n,$$

lungimea Compton a nucleonului, λ_n, secțiunea eficace a pionului, $\sigma_\pi = \lambda_\pi \lambda_n$, constanta de cuplaj nucleonică,

$$G_n = \frac{c^3 \sigma_\pi}{\hbar} \simeq \frac{r_n c^2}{m_n}.$$

Remarcăm rapoartele dintre mărimile la scară cosmică și infranucleonică :

$$\lambda_E/\lambda_\pi \simeq 10^{41},$$

$$G_n/G \simeq 10^{39}$$

[Krecet, Caldirola ș.a. (16)].

În ciuda masei și dimensiunii lor infime, concentrația etheronilor în Univers este impresionantă. Într-adevăr, din $V = 2\pi k_6 \, R^3 = 2\pi k_6 \, (k_3 c/k_1 H)^5$ și din presupusa omogenitate și izotropie a distribuției etheronilor, putem scrie

$$n_E = \frac{N_E}{V} = \frac{k_1 k_2}{2\pi \, k_3^2 k_6} \frac{Hc^2}{\hbar G} \simeq 10^{43} \, \mathrm{m}^{-3}, \tag{18}$$

astfel că distanța medie dintre etheroni, $\bar{r}_E \simeq 0,5 \; n^{-1/3} \simeq 10^{-10}$ m, caracterizează „raza" fluctuațiilor statistice (în care se formează particulele elementare punctuale).

Cantitățile σ_E și n_E determină drumul liber mediu „clasic" de ciocnire etheron-etheron

$$l_E = \frac{1}{\sqrt{2} \, n_E \sigma_E} = \frac{1}{2\sqrt{2}} \cdot \frac{k_3 k_6}{k_1 k_5^2} \frac{c}{H} = \frac{k_6}{2\sqrt{2} \, k_5^2} R \simeq 10^{26} \, \mathrm{m}, \tag{19}$$

mărime de ordinul razei de curbură a Universului.

Putem, de asemenea, defini frecvența medie de ciocnire a etheronilor

$$\nu_E = \frac{c}{l_E} = 2\sqrt{2} \, \frac{k_1 k_5^2}{k_3 k_6} H \simeq 10^{-18} \, \mathrm{s}^{-1}. \tag{20}$$

În acest mod, constanta lui Hubble (a doua de interes cosmologic, pe lîngă constanta lui Newton) capătă, de asemenea, o explicație statistică.

În fine, alte trei caracteristici statistice ale gazului etheronic și anume R_E (rata ciocnirilor), p_E (presiunea gazului etheronic ultrarelativist, analoagă presiunii radiației Planck) și T_E (temperatura gazului etheronic) completează tabloul proprietăților acestui fluid straniu

$$R_E = \frac{1}{2} \, n_E^2 \sigma_E \, c = \frac{1}{2\pi} \frac{k_1^2 k_2 k_5^2}{k_3^3 k_6^2} \frac{H^2 c^2}{\hbar G} \simeq 10^{25} \, \mathrm{m}^{-3} \cdot \mathrm{s}^{-1}, \tag{21}$$

$$p_E = \frac{1}{3} \, n_E m_E c^2 = -\frac{k_1^2 k_2}{6\pi \, k_3^2 k_6} \frac{H^2 c^2}{G} \simeq 10^{-13} \, \mathrm{atm}, \tag{22}$$

$$T_E = \left(\frac{3 p_E}{a} \right)^{1/4} \simeq 30 \, K \left(\text{unde } a = \frac{8\pi^5}{15} \frac{k^4}{c^3 h^3} \right). \tag{23}$$

Adoptînd pentru constanta lui Hubble valoarea $H = 1/(6,53 \cdot 10^{17} \mathrm{s})$ și pentru constantele k_i valorile probabile date de setul (10), rezultă o temperatură etheronică de circa 30 K, valoare care este numai cu un ordin de mărime mai mare decît temperatura observată a radiației Planck cosmice. Această estimare a temperaturii eterului ține seama de faptul că presiunea parțială a etheronilor (în stare liberă sau sub formă de agregate primare simple) este considerabil mai mare decît aceea a agregatelor etheronice complexe (cum sînt, prezumabil, particulele elementare și fotonii).

4. DEDUCEREA LEGII DE ATRACȚIE UNIVERSALĂ

Vom trece acum la deducerea celebrei legi a forței newtoniene. Vom demonstra aceasta mai întîi pentru doi nucleoni iar apoi vom examina circumstanțele în care rezultatul poate fi extins la corpuri macroscopice.

Astfel, să considerăm două corpuri (nucleoni) sferice și omogene, A și B conținînd N_A respectiv N_B etheroni, plasate în eterul universal (gazul etheronic) la distanța r_{AB} mai mare decît oricare din razele sferelor materiale considerate. De asemenea, vom presupune că $r_{AB} \ll l_E \simeq \lambda_E \simeq R$ astfel ca potențialul de tip Yukawa să fie practic newtonian, adică împrăștierea etheronilor să fie neglijabilă.

Fiecare dintre corpuri s-ar afla în echilibru hidrodinamic dacă ar fi singur în Univers, ca rezultat al compensării presiunii eterului exercitate din toate direcțiile spațiului, presupus izotrop și omogen. Forța hidrodinamică totală care acționează asupra unui etheron este chiar forța lui Pascal,

$$F_E = p_E \sigma_E = \frac{2}{3} \frac{k_1^2 k_5^2}{k_3 k_6} \frac{\hbar H^2}{c} \simeq 10^{-78} \, N, \qquad (24)$$

care asigură echilibrul etheronului considerat față de fondul etheronic înconjurător. În prezența, însă, a unui alt corp, apare o decompensare produsă de acesta. Să presupunem că etheronul considerat aparține corpului A și să evaluăm decompensarea produsă de alt etheron care aparține corpului B. Întrucît considerăm $r_{AB} \ll l_E \simeq R$, ecranarea mutuală a perechii de etheroni considerate rezultă geometric

$$\delta F_E = - F_E \frac{d\Omega}{4\pi} = - F_E \frac{\pi (2r_E)^2}{4\pi \, r_{AB}^2} = - F_E \frac{\sigma_E}{4\pi \, r_{AB}^2}. \qquad (25)$$

Forța lui Newton dintre cele două corpuri (A, B) va fi rezultatul tuturor ecranărilor etheronilor corpului A de către etheronii corpului B (și invers), adică

$$F_{AB} = N_A N_B \, \delta F_E = - G \frac{M_A M_B}{r_{AB}^2}, \qquad (26)$$

unde constanta lui Newton are expresia (17) iar masa corpurilor (A, B) este

$$M_{A,B} = \left(\frac{2}{3} \right)^{1/2} \frac{k_1 k_5^2}{(k_2 k_6)^{1/2}} \left(\frac{\hbar H}{c^2} \right) N_{A,B}. \qquad (27)$$

Să analizăm această expresie a masei, înlocuind valorile constantelor adoptate (10)

$$M_{A,B} = \frac{1}{2\pi \sqrt{3}} \, m_E N_{A,B} \equiv m_E N_{A,B} - \left(1 - \frac{1}{2\pi \sqrt{3}} \right) m_E N_{A,B}. \qquad (28)$$

Rezultă de aici că raportul dintre energia de legătură per etheron, E_{lE}, și energia etheronului liber este extrem de mare și anume

$$\frac{E_{lE}}{m_E c^2} = 1 - \frac{1}{2\pi \sqrt{3}} = 0,908, \qquad (29)$$

fapt calitativ confirmat prin stabilitatea excepțională a unor particule elementare[3]. Pe de altă parte, energia de legătură este proporțională cu

---

[3] Din (29) ar rezulta că circa 90,8% din masa constituenților unui nucleon este anihilată, obținîndu-se astfel un cuplaj foarte tare.

numărul de constituenți N_{AB}, dezvăluind astfel un caracter de saturație, fapt de asemenea în acord cu proprietățile cunoscute ale forțelor infranucleare [22]. Desigur, nu ne așteptăm ca să deducem în mod sistematic structura și proprietățile materiei la nivelul infranucleonic dintr-o presupunere cosmologică (existența etheronului) de interes pentru gravitație. Totuși, dacă consecințele microscopice ale acestei presupuneri sînt consonante cu trăsăturile principale ale interacțiilor infranucleonice, faptul este, într-o oarecare măsură, încurajator.

Mai departe vom investiga interacția gravitațională a două nuclee. Procedînd exact ca mai sus, obținem $F_{AB} = -GM_A M_B/r_{AB}^2$, unde $M_{A,B} = Km_E N_{A,B} = Km_E(N_{A,B}^{(p)} n_p + N_{A,B}^{(n)} n_n) = m_p N_{A,B}^{(p)} + m_n N_{A,B}^{(n)}$. Aici $K = (2/3)^{1/2} k_5^2/ (k_2 k_6)^{1/2}$ iar noile notații reprezintă: $N_{A,B}^{(p)}$, numărul de protoni în nucleul A, respectiv B; $N_{A,B}^{(n)}$, numărul de neutroni în aceleași nuclee; n_p, n_n, numărul de etheroni care constituie un proton, respectiv un neutron. $N_{A,B}$ încă înseamnă numărul total de etheroni din corpul (aici nucleul) A, respectiv B, dar $M_{A,B}$ nu mai reprezintă masele nucleelor—deoarece nu mai include masele lor de legătură. Această dificultate poate fi ocolită observînd că forțele nucleare, avînd un caracter de saturație, masele de legătură sînt proporționale cu numerele de nucleoni. De fapt, în prezența materiei nucleare, masa unui nucleon nu este $m_{p,n}$ ci $m_{p,n}[1-(8/939)]$, astfel că, în mod corespunzător, masa unui nucleu nu este $M_{A,B}$ ci $M_{A,B}^* = M_{A,B}[1-(8/939)]$. Introducînd o nouă constantă $G^* = G[1-(8/939)]^{-2}$, putem acum să scriem legea macroscopică a forței newtoniene.

$$F_{AB} \simeq -G^* \frac{M_A^* M_B^*}{r_{AB}^2}, \qquad (26')$$

unde, de această dată, $M_{A,B}^*$ sînt masele corpurilor iar noua constantă G^* trebuie identificată cu constanta lui Newton propriu-zisă. Aproximații și mai bune pentru mase pot fi făcute folosind cunoscuta expresie a lui Weizsäcker; la nivelul de precizie al acesteia, determinarea constantei de gravitate din legea lui Newton a forței conduce la valori ușor dependente de natura materialului folosit în experiențe. Stadiul actual al tehnicii experimentale nu permite însă testarea, pe această cale, a ipotezei etheronice. Dacă identificăm constanta lui Newton cu G^*, și nu cu G, atunci urmează că interacția gravitațională dintre doi nucleoni, conform modelului etheronic, este mai slabă cu factorul $[1-(8/939)]^{-2}$ decît valoarea din teoria cîmpului, care presupune un cuplaj universal pentru gravitație. Nici această posibilitate nu este potrivită pentru dovada experimentală cu echipamentul actual.

Mersul mai departe, de la nuclee la corpuri macroscopice (cu structură atomică și moleculară), nu prezintă nici o dificultate, erorile fiind, oricum, mai mici decît cele deja făcute la estimarea maselor nucleare.

5. CONCILIEREA CU ALTE TEORII ALE GRAVITAȚIEI

Mai sus am conceput eterul ca un fluid universal, răspîndit predominant în tot Universul și fiind, în multe privințe, similar cu fluidele obișnuite. În consecință, am făcut unele raționamente statistice și am dat o interpretare statistică constantei lui Newton, G, și constantei lui Hubble, H. Pe de altă parte, proprietățile deosebite ale eterului față de gazele obiș nuite au fost concretizate în caracterul ultrarelativist al gazului etheronic și în valorile infime ale masei și dimensiunii etheronului. În afară de aceasta, ne-am bazat pe unele formule cosmologice, pe care le-am lăsat formal neschimbate, dar al căror sens a fost adaptat astfel ca să promovăm conceptul de eter. Procedînd în acest fel am presupus implicit că nu există o contradicție între cadrul cosmologic adaptat și ipoteza presupusă a eterului. Aceasta înseamnă, de fapt, că proprietățile geometrice ale spațiu-timpului sînt determinate practic numai de eter și nu de materia obișnuită. Întrucît nu se observă nici o mișcare reală a eterului cosmic, rezultă o metrică co-mobilă, astfel că putem scrie

$$\mathscr{R}_{\mu\nu} - \frac{1}{2} g_{\mu\nu} \mathscr{R} + \Lambda g_{\mu\nu} = - \frac{8\pi G}{c^2} \left(\frac{\hbar H}{c^2} \right) n_E \delta_{o\mu} \delta_{o\nu}. \tag{30}$$

Aceasta reprezintă o versiune modificată a ecuației lui Einstein [27], compatibilă cu formulele (4—9), cu constantele (10) și cu condiția $\Lambda = 1/R^2$. În acest mod, constanta lui Hubble, H, capătă statutul unei veritabile constante.

Tranziția de la modelul static la cel dinamic (de Univers în expansiune), dacă este necesară, trebuie astfel efectuată încît să păstreze acest caracter de constantă veritabilă pentru H. Mai precis, aceasta înseamnă că modelul care ar conduce la o lege de expansiune $R(t) = R(t_0) \times \exp[H(t-t_0)]$ este preferabil față de modelul pentru care $H \sim 1/t$. În acest scop, pentru viitor rămîn mai departe de investigat proprietățile colective ale eterului pînă la obținerea unui set de ecuații hidrodinamice relativiste care să explice fenomenele fundamentale ca expansiunea Universului, propagarea micilor perturbații transversale cu viteza luminii, stabilitatea, spinul și sarcina particulelor.

În absența unei astfel de teorii, vom presupune în mod tentativ valabilitatea următoarei ecuații hidrodinamice simple de tip Navier

$$m_E n_E \left(\frac{\partial}{\partial t} + v_E \cdot \nabla \right) v_E = - \nabla p_E + \hat{f} \tag{31}$$

unde $p_E = (1/3) n_E m_E c^2$ iar forța de frecare, $\hat{f}$, are forma cea mai simplă posibilă, $\hat{f} = - C n_E v_E m_E v_E$. Introducînd în ecuația (31) expresia presiunii și a forței de frecare, exprimînd v_E prin H și considerînd $v_E = c$, se obține ecuația simplă

$$\frac{\partial n_E}{\partial r} + \frac{H}{c} n_E = 0, \tag{31'}$$

unde am ales valoarea constantei $C = \pi \sqrt{2}/3$ astfel ca să obținem legea relativistă a deplasării cosmologice spre roșu. Astfel, considerînd și fotonul constituit din etheroni (în tranzit), energia fotonului este $E_f = \hbar\omega \sim \sim n_E m_E c^2$, astfel că din (31') rezultă cunoscuta lege de deplasare spre roșu a lui Hubble

$$\frac{d\omega}{\omega} = - \frac{H}{c} dr = - H \, dt \tag{32}$$

În cadrul modelului etheronic se poate concepe o generalizare a acestei legi în forma $(1/E)\,\mathrm{d}E/\mathrm{d}t \le -H$ pentru orice fel de agregate etheronice de energie totală $E = \hbar\omega = mc^2$. Modul de explicație a acestei legi, schițat mai sus, este similar cu acela din modelul de Univers al lui De Sitter, în care proprietățile geometrice ale spațiu-timpului sînt de asemenea determinate de eter (introdus cu constanta cosmologică) [5].

O altă legătură interesantă a modelului etheronic se poate face cu teoria gravitației a lui J.L. Synge [19]. Conform acestei teorii, legea forței de gravitație a lui Newton se deduce considerînd că cele două corpuri schimbă reciproc cuante care se propagă cu viteza luminii. Rezultă de aici că energia potențială a sistemului de corpuri este egală cu energia cuantelor aflate în tranzit. Pentru atracție, este necesar să se presupună o valoare negativă a masei cuantelor. Prin transpoziție logică, cuantele de masă negativă pot fi interpretate, în cadrul modelului etheronic, ca o lipsă de etheroni, datorită ecranării reciproce a corpurilor. Observăm că ceea ce se obține efectiv în abordarea lui Synge este numai proporționalitatea $F \sim \sim 1/r^2$. Pentru a reuși deducerea completă a forței lui Newton, mai este nevoie de următoarele afirmații: 1) capacitatea de emisie etheronică, C^{Em}, a unui corp este egală cu capacitatea sa de absorbție C^{Abs}; 2) capacitatea de emisie este proporțională cu numărul de etheroni conținut în corp; 3) numărul de cuante (etheroni) emis este proporțional cu capacitatea de emisie a corpului emițător și cu capacitatea de absorbție a corpului absorbant. Prin urmare, energia potențială a sistemului de două corpuri (A, B) se scrie

$$U_{AB}(r) = \sum_{transit} E_E \sim (C_A^{Em}\, C_B^{Abs} + C_B^{Em}\, C_A^{Abs}) \sim (C_A^{Em}\, C_B^{Em} + C_B^{Em}\, C_A^{Em}) \sim$$

$$\sim C_A^{Em}\, C_B^{Em} \sim N_A N_B \sim M_A M_B.$$

În acest mod ipoteza etheronică poate completa demonstrația lui Synge, conducînd în final la legea lui Newton a forței gravitaționale, cu condiția ca orice corp material să fie constituit din etheroni.

O conjectură atît de temerară ca ipoteza etheronică poate ridica multe și dificile probleme privind, de exemplu, mișcarea unui mare număr de etheroni într-un nucleon. Desigur, atunci cînd vorbim de „partoni" în loc de „etheroni" problemele nu sînt prin nimic simplificate, în prezent neexistînd o soluție satisfăcătoare. Un model adecvat ar trebui să explice sarcina și spinul ca pe o consecință hidrodinamic-statistică a mișcării colective a constituenților particulei. Poate chiar teoria relativității va trebui reformulată în acest sens pe baze statistice, așa cum este schițat într-o lucrare recentă a lui J.C. Aron [28].

În ciuda problemelor serioase ridicate de ipoteza etheronică, posibilitățile de explicare parțială discutate mai sus, ca și legăturile sugerate dintre fenomenele fizice care au loc la nivele cosmice și infranucleare, sînt tentante și chiar încurajatoare pentru acest model, ca o cale posibilă către un tablou mai unitar al lumii fizice. Dacă această cale se va dovedi valabilă, atunci gravitația — aceastặ încă atît de puțin cunoscută interacție — va juca un rol mai important decît se apreciază în prezent. Creșterea interesului în ultima decadă pentru conceptul de eter ar putea fi o indicație în acest sens.

6. CONCLUZII

Se dă o nouă explicaţie a legii lui Newton pentru gravitaţie pe baza urmǎtoarelor aserţiuni : a) Universul este finit şi umplut cu particule de masǎ infimǎ care se deplasează haotic cu viteza luminii ; b) toate corpurile materiale din Univers sînt constituite din astfel de particule, denumite ,,etheroni''; c) materia din Univers se aflǎ în mod preponderent în formǎ de etheroni liberi ; d) mecanismul hidrodinamic al lui Lesage pentru interacţia gravitaţionalǎ este valabil, fondul cosmic fiind eterul format din etheroni. Principiul de incertitudine al mecanicii cuantice şi o serie de relaţii adimensionale din cosmologia relativistă — între care şi principiul lui Mach — sînt folosite pentru a stabili proprietǎţile intrinseci ale etheronilor ca şi numǎrul lor din Univers. Aplicînd raţionamente statistice fondului (fluidului) etheronic, sînt deduse expresii pentru constanta lui Newton şi constanta lui Hubble în funcţie de entitǎţi cinetice legate de eter. Deducerea legii forţei de gravitaţie determinǎ totodatǎ un cuplaj foarte tare al etheronilor în nucleon şi un caracter de saturaţie al forţelor de legǎturǎ. Se face o amplă discuţie asupra consistenţei tabloului lumii fizice, sugerat de ipoteza etheronicǎ, cu cadrul deja constituit al fizicii convenţionale, trăgîndu-se concluzii interesante şi încurajatoare.

Autorul este indatorat colegului dr. Nicolae Ionescu-Pallas pentru amabilitatea de a discuta critic întreaga problemă şi pentru ajutorul său în elucidarea multor aspecte speciale. Autorul mulţumeşte de asemenea profesorilor Ioan Gottlieb şi Liviu Sofonea şi lui Andrei Dorobanţu pentru apreciere şi asistenţă morală, tînărului fizician Silviu Olariu pentru discuţii stimulatoare, precum şi tuturor celor care, într-un fel sau altul, au manifestat interes faţă de aceastǎ lucrare.

ADDENDA

1. În monografia recentă a lui J. Heidmann, dedicată cosmologiei relativiste (Springer Verlag, 1980), este confirmată aplicabilitatea relaţiei de incertitudine $\delta E \delta t \simeq \hbar$ la întregul Univers dacǎ $\delta t \simeq H^{-1}$; desigur, aceasta implicǎ existenţa unei cuante de energie a cǎrei masǎ este $m = \hbar H/c^2$.

2. În lucrarea lui L.S. Mayants, ,,On the existence of zero rest mass particles'' (Found. Phys., 11, 577 (1981)) este argumentatǎ concepţia interesantă conform cǎreia cîmpul electromagnetic este înlocuit cu un gaz de particule, denumite ,,emons'', cu masǎ de repaos infimǎ dar nenulǎ $(m < 10^{-50} kg)$. Se aratǎ cǎ existenţa emonilor nu contrazice teoria relativitǎţii restrînse, confirmînd ipotezele mai vechi ale lui Louis de Broglie privitoare la fotonii masivi [5, 15]. Consideraţiile teoretice ale lui Mayants sînt, într-o oarecare mǎsurǎ, similare cu ideile expuse în prezenta lucrare — exceptînd faptul cǎ ele se referǎ la electromagnetism şi nu la gravitaţie.

3. Criticînd acum cîteva luni teoria cosmologică Big Bang, Fred Hoyle pretinde cǎ mǎrimea epocii cosmologice $t \simeq H^{-1}$ ar fi prea micǎ pentru a justifica informaţia extrem de mare înmagazinată în fiinţele superior organizate (circa $10^{40\,000}$ moduri specifice în care ~ 2000 de gene pot fi construite din $\sim 10^{20}$ lanţuri de nucleotide). Dupǎ pǎrerea lui Hoyle, pro-

cesul evolutiv care să conducă la apariția vieții inteligente ar necesita mai multe epoci cosmologice Hubble. Dacă această critică se va dovedi realistă, atunci interpretarea constantei lui Hubble ca o constantă pură, și nu ca „1/Vîrsta Universului", va căpăta un suport neașteptat.

POST SCRIPTUM. *După trimiterea lucrării la publicare, autorul a continuat discuțiile începute la Timișoara, între alții cu colegul său Aretin Corciovei. În urma acestor discuții autorul a considerat că ar fi nimerit să se expună pe scurt într-un post scriptum criticile formulate. Aretin Corciovei a fost de acord cu această procedură și a transmis autorului unele din obiecțiile formulate. Ele sunt cuprinse în textul care urmează.*

În prezenta lucrare este introdus conceptul de etheron, ca fiind cea mai mică particulă care poate exista și care mediază interacțiunile gravitaționale. În vederea calculării masei acestei particule universale se sugerează trei căi de abordare. Se consideră pentru unele aspecte ale problemei că universul ar fi static, dar de fapt vor trebui folosite modele de univers dinamic. Se vor discuta cele trei căi de abordare în vederea obținerii masei etheronului.

1. Se consideră relațiile de nedeterminare ale lui Heisenberg aplicabile la scara universului întreg și se echivalează incertitudinea de timp cu vîrsta universului. Se consideră că incertitudinea în energie reprezintă cuanta minimă ce poate fi schimbată între părți ale universului. Masa asociată acestei cuante minime se consideră a fi masa etheronului. Pentru a se obține valoarea $m_E = \dfrac{\hbar H}{c^2}$ autorul este obligat să ia vîrsta universului egală cu $1/H$, H fiind constanta lui Hubble, ceea ce revine la ipoteza unui univers care s-a dilatat liniar în timp. Se observă că ipoteza universului dilatat liniar în timp conduce la considerarea vitezei unei anumite galaxii (de ex. față de Soare) constantă, dar cum distanța acestei galaxii față de altă galaxie (în particular față de Soare) crește liniar în timp, „constanta" H scade liniar în timp. Deci masa etheronului ar scădea și ea liniar și etheronul ar avea în anul 2000 p.d. o masă ceva mai mică decît pe timpul lui Democritos. Însă toate particulele cunoscute au masă fixă. Deci ipoteza masei variabile a etheronului ar echivala cu crearea continuă de etheroni într-un electron, pentru a păstra fixă masa electronului.

2. Se consideră întregul univers ca avînd o mișcare oscilantă. Se echivalează pulsația ω a universului cu constanta lui Hubble. Se consideră că stările universului sunt caracterizate prin energiile cuantificate ale oscilatorului armonic cu pulsația ω. Spectrul este practic continuu, diferența între nivele $\hbar\omega$ furnizînd energia celei mai mici cuante permise, etheronul. Se reobține $m_E = \dfrac{\hbar H}{c^2}$. Evident ipoteza că universul este oscilant în timp contrazice prima ipoteză care revenea la un univers liniar în timp. De asemenea, este contrazisă ipoteza universului static.

Să comentăm puțin ipoteza că universul este oscilant în timp. Să scriem de exemplu $R(t) = R_0 |\sin \omega t|$ pentru dependența față de timp a distanței (față de Soare) a unei galaxii. La vîrsta actuală T a universului

$R(T) = R_0 |\sin \omega T|$. Constanta lui Hubble este $\dfrac{\omega \cos \omega T}{|\sin \omega T|}$ și observăm că pentru a obține $\omega = H$ ar trebui să ne găsim la un moment T extrem de particular $HT = \pi/4$. Oare virsta universului satisface o relație atit de particulară? În fine dacă s-ar lua $R(t) = R_0 (1 + \sin \omega t)$ o soluție posibilă pentru ca $\omega = H$ ar fi chiar $T = 0$.

Cu alte cuvinte ipoteza echivalării $\omega = H$ este extrem de particulară.

3. În fine se consideră raza universului ca raza maximă de interacțiune gravitațională. Analog cu potențialul folosit pentru forțele nucleare se poate introduce un potențial de tip Yukawa pentru potențialul gravitațional și anume $\dfrac{e^{-r/R_U}}{r}$, R_U fiind raza universului. Se echivalează raza universului cu lungimea Compton asociată cuantei de gravitație, etheronul.

$\lambda = \dfrac{h}{m_E c}$. Se ia R_U egal cu cH deși nu s-au observat deplasări Dopple: ale vreunor galaxii la care să corespundă viteze chiar egale cu c. Rezultă iar $m_E = \dfrac{hH}{c^2}$. Oricum ipoteza că galaxiile de la marginea universului se deplasează cu viteza c contravine ipotezei universului static.

Este de remarcat că in cele trei căi de abordare a problemei se presupun modele contradictorii de evoluție a universului, inclusiv față de modelul static acceptat in vederea preluării relației $GM_U/c^2 R_U = \pi/2$ (ori in modelul static H nu are sens).

În fine, ar fi de intrebat care sunt faptele experimentale stringente care au condus la necesitatea noii particule, etheronul și care sunt celelalte caracteristici ale ei (spin, sarcină, alte numere cuantice interne).

Se pot formula și observații de amănunt. Se dă numai un exemplu. Astfel in expresia ecuațiilor de cimp ale lui Einstein (formula 30) se presupune anularea presiunii obișnuite (rămine numai presiunea cosmologică) iar in formula următoare se presupune că etheronul are viteza luminii, caz in care presiunea este maximă.

Autorul lucrării speră că prezentarea unor astfel de critici cum sînt cele de mai sus permit sesizarea problemei din unghiuri și din poziții diferite.

BIBLIOGRAFIE

1. L. SOFONEA. N. IONESCU-PALLAS. *Logic of the historical development of science and inner logic of physical theories.* Central Institute of Physics. Bucharest. Booklet. 1981.
2. E. WHITTAKER. *Early theories of ether and electricity.* Thomas Nelson & Sons. Edinburgh. 1953.
3. N. IONESCU-PALLAS. *Introducere in teoria electricității, magnetismului și luminii.* Institutul de Fizică Atomică. București. 1971.
4. G. SZEKERES. *New formulation of the general theory of relativity.* P hys. Rev.. **97**. 212 (1955); *Ether drift and gravitational motion.* P hys. Rev.. **104**. 1791 (1956).
5. N. IONESCU-PALLAS. *Relativitate generală și cosmologie.* Editura științifică și enciclopedică. București. 1980.
6. N. IONESCU-PALLAS. L. SOFONEA. *New approach to gravitation and cosmology.* Rev. Roum. Phys.. **25**. 3 (1980)

48

7. N. ROSEN, *Oscillating Universe and scalar field*, Int. J. Theor. Phys., **2**, 189 (1969).
8. K. P. SINHA, C. SIVARAM, E. C. G. SUDARSHAN, *Ether as a superfluid state of particle-antiparticle*, Found. Phys., **6**, 65 (1976).
9. T. JAAKOLA, M. MOLES, J. P. VIGIER, J. C. PECKER, W. YOURGRAU, *Cosmological implications of anomalous red-shifts — a possible working hypothesis*, Found. Phys., **5**, 257 (1975); L. NOTTALE, J. C. PECKER, J. P. VIGIER, W. YOURGRAU, La Recherche, juin, **68**, 529 (1976).
10. A. DAS, P. AGRAWAL, *Friedman Universe containing wave fields*, G.R.G., **5**, 359 (1974).
11. J. R. RAO, R. N. TIWARI, B. K. NAYAK, *Massive scalar field — source of gravitation and strong gravity*, Australian J. Phys., **29**, 195 (1976).
12. N. IONESCU-PALLAS, I. GOTTLIEB, *Cosmological model with massive scalar field as background*, Proc. 8-th Int. Conf. Gravit. &Gen. Relat., Waterloo, Ontario-Canada, p. 194, August 1977.
13. G. S. BISNOVATYI-KOGAN, I. D. NOVIKOV, *Cosmology with a non-zero neutrino rest mass*, Astron. Zh. (URSS), **57**, 899 (1980).
14. R. TOLMAN, *Relativity, Thermodynamics and Cosmology*, Oxford, Clarendon Press, 1934.
15. LOUIS DE BROGLIE, Nature, **15**, 549 (1925)
16. V. G. KRETSCHET, *Self-graviting static massive vector field in general relativity*, Problemi teorii gravitatsii i elementarnih ciastits, Moscova, Atomizdat, **11**, 26 (1980);
V. M. NIKOLAENKO, K. P. STANYUKOVITSCH, *Massive bosons in the Weinberg theory with gravitational broken symmetry*, idem, **11**, 4 (1980);
LI FULI, *An estimate of the photon rest mass*, Lett. Nuovo Cim., **31**, 289 (1981);
P. CALDIROLA, M. PAVSIC, E. RECAMI, *Classical quark confinement from general relativity*, Phys. Lett. A, **66**, 1 (1977).
17. A. EDDINGTON, *Fundamental theory*, University Press, Cambridge, 1945.
18. J. ADĂMUŢ, *Theorie éléctrodynamique de la gravitation*, Nuovo Cim., B, **32**, 477 (1976).
19. J. L. SYNGE, *Angular momentum, mass-center and the inverse square law in special relativity*, Phys. Rev., **47**, 760 (1935).
20. A. SCHILD, *Electromagnetic two-body problem*, Phys. Rev., **131**, 2762 (1963).
21. N. IONESCU-PALLAS, L. SOFONEA, *The high speed mechanical rotator — an invariantive approach*, Rev. Roum. Phys., 1982 (pending).
22. S. D. DRELL, *Partons — elementary constituents of the proton*, in „*Physical reality and mathematical description*", D. Reidel Publ. Co., Dordrecht, 1974, p. 111.
23. F. GÜRSEY, *Reformulation of general relativity in accordance with Mach's principle*, Annals of Phys., **24**, 211 (1963).
24. F. HOYLE, *A conformal theory of gravitation*, Proc. Roy. Soc., A, **294**, 138 (1966).
25. S. WEINBERG, *Gravitation and Cosmology*, John Wiley &Sons, Inc., New York, 1972.
26. E. MILNE, *Kinematic relativity*, Princeton Univ. Press, 1948.
27. A. EINSTEIN, *The meaning of relativity*, Princeton Univ. Press, 1955.
28. J. C. ARON, *The foundation of relativity*, Found Phys., **11**, 77 (1981).

REMARKS OF THE EDITOR

In both Popescu's articles, the original and the translated one, it is strengthened that etherons can move at the speed of light (or almost).

Does this mean they **CAN** move with the speed of light or do they **always move or vibrate with the speed of light**?

I understand that a particle as small as it is can move fast, but is there any reason why they **should** move at all, except vibration?

In a steady state (vibration) situation they can transfer electromagnetic vibrations of light or other radiations. This explains also why there are no radiations with wave-lengths shorter than 10^{-15} m, the average distance between etherons.

QUESTIONS

Although etherons are predicted to fill up the Universe, there remain a number of questions:

- Why are they moving in a chaotic way?
- What are the forces between them?
- Can they be detected by the CERN in the same way as for example the X-particles?
- And what are the functions of etherons.

For some of these questions the editor refers to his booklet **Einstein's cosmic ether, the atomic ether, their etherons and our mind**, which is also published with Create Space.

In this booklet the role of etherons within the Universe and atoms concerning gravity, electromagnetic radiation (light, TV, radio, telephone) and mind is elaborated.

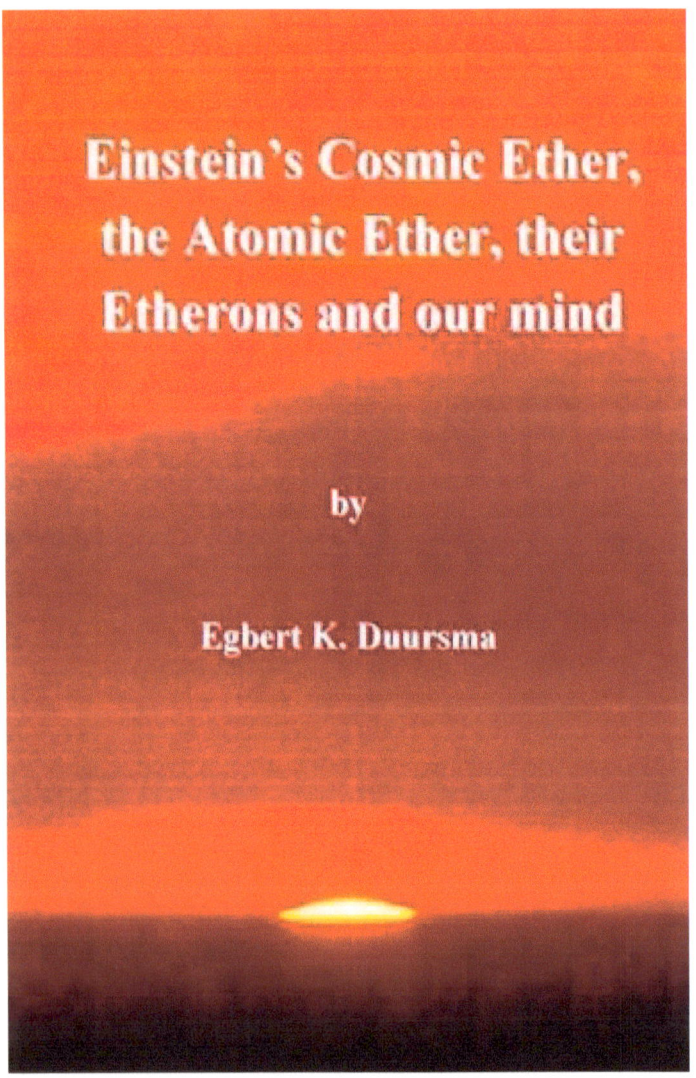

Einstein's Cosmic Ether, the Atomic Ether, their Etherons and our mind

by

Egbert K. Duursma

ISBN9781491289501
Create Space, Charleston, SC, USA

www.ingramcontent.com/pod-product-compliance
Lightning Source LLC
Chambersburg PA
CBHW040920180526
45159CB00002BA/550